Sebastian Kolb

Grundlagen der modernen Heiztechnik für Einfamilienhäusern

GRIN Verlag

Bibliografische Information der Deutschen Nationalbibliothek:

Die Deutsche Bibliothek verzeichnet diese Publikation in der Deutschen Nationalbibliografie; detaillierte bibliografische Daten sind im Internet über http://dnb.d-nb.de/ abrufbar.

Impressum:

Druck und Bindung: Books on Demand GmbH, Norderstedt Germany
ISBN: 978-3-656-33128-5

Dieses Buch bei GRIN:

http://www.grin.com/de/e-book/205732/grundlagen-der-modernen-heiztechnik-fuer-einfamilienhaeusern

Grundlagen der modernen Heizsysteme für Einfamilienhäuser

Autor: Sebastian Kolb

Erschienen: Mai, 2011

Inhaltsverzeichnis

Zusammenfassung

Die moderne Heiztechnik für Einfamilienhäuser versucht den Wärmebedarf möglichst effizient zu decken, um ein angenehmes Raumklima kostengünstig zu erzeugen. Dahingehend ist die Möglichkeit der Nutzung von regenerativen Energien für diesen Prozess in den Vordergrund gerückt, da der Verbrauch von fossilen Energieträgern immer kostenintensiver wird und der damit einhergehende Ausstoß von klimaschädlichen Abgasen wie CO_2 zu einen deutlichen Problem für unsere Gesellschaft und unsere Umwelt geworden ist. Auch aus diesen Gründen ist eine möglichst effiziente Raumklimatiersierung von Wohnhäusern heute wichtig zu realisieren.

Der heutige Stand der Technik bietet verschiedene Möglichkeiten der Wärmegewinnung für Wohnhäuser: zum einen die sehr häufig genutzte Verbrennung von fossilen und regenerativen Energieträgern wie z.B. Erd- oder Bio-Erdgas, Heizöl, Scheitholz oder Holzpellets in Brenneröfen und zum anderen die Nutzung von Primärenergie in Form von regenerativen Energieträgern, welche sich in verschiedenen Formen rund um ein Wohnhaus gewinnen lassen. So kann die Sonneneinstrahlung über Kollektoren oder aber die Wärme aus der Luft oder dem Erdreich über spezielle Wärmetauschertechnik genutzt werden, um den Wärmeenergiebedarf von Wohnhäusern zu decken.

Die Verbrennung von fossilen Energieträgern ist die noch am weitesten verbreitetste Variante der Wärmegewinnung. Diese Anlagen sind in der Anschaffung sehr günstig und sind in ihrer Technik durch spezielle Brennwerttechniköfen sehr ausgereift und garantieren dadurch hohe Wirkungsgrade. So wird diese Technik heute noch sehr häufig bei Neubauten eingesetzt, wobei sich gerade in der Gasverbrennungstechnik die Nutzung der BHKW Technik durchsetzt, da diese aus dem Wärmegewinnungsprozess auch noch Strom gewinnt. Der große Nachteil dieser Verbrennungstechnik ist die Abhängigkeit vom Energieträger. Dieser muss zugekauft werden und wird sich in der Zukunft durch steigende Preise verteuern. Des Weiteren ist der Ausstoß von klimaschädlichen Abgasen bei dieser Verbrennungstechnik trotz vielen neuen Entwicklungen immer noch sehr hoch und unvermeidlich, da dieser prinzipiell bei der Verbrennung von Energieträgern entstehen.

Die Verbrennung von regenerativen Energieträgern wie Scheitholz oder Holzpellets gewinnt in den letzten Jahren immer mehr an Beliebtheit. Begründet wird dieser Zulauf durch technische Innovationen, welche solche Techniken in den letzten Jahren in ihrem Wirkungsgrad verbessert haben. Außerdem wurde es möglich, dass diese Techniken sowohl als Einzelheizungen für Wohnräume als auch als Zentralheizung für das ganze Wohnhaus nutzbar sind. Ein weiterer großer Vorteil dieser Technik ist es, dass bei der Verbrennung von Holz nur CO_2 freigesetzt wird, welches zuvor bei der Entstehung des Holzes in diesem gebunden wurde. Somit wird bei der Verbrennung von Holz kein zusätzliches umweltschädliches Abgas freigesetzt und die Wärmegewinnung ist, abgesehen von der Beschaffung des Holzes, quasi CO_2-neutral. Doch gerade bei den regenerativen zur Verbrennung geeigneten Energieträgern ist in den letzten Jahren ein deutlicher Preisanstieg zu verzeichnen, da auch hier die Nachfrage gestiegen ist. Dementsprechend ist es fraglich, bei welchem Niveau sich dieser Preis einpendelt, wenn sich nicht nur die Nachfrage, sondern auch das Angebot an diesen Energieträgern steigert. Inwieweit sich diese Techniken dann gegen die Verbrennung von fossilen Energieträgern durchsetzt, ist von den in der Zukunft bestehenden Preisen für die Energieträger abhängig, da die Kosten für die Beschaffung von diesen Scheitholz- oder Holzpelletsöfen mit denen der Öl – oder Gas-Brennwerttechnik vergleichbar sind.

Als letzte Möglichkeit der Wärmebedarfsgewinnung für Wohnhäuser ist die Nutzung von solarthermischen Anlagen und Wärmepumpen für Luft- oder Erdwärme eine gute Alternative zu den Brennertechniken geworden. Die Anschaffungskosten dieser Anlagen sind zwar in den meisten Fällen sehr hoch im Vergleich zu den Brennertechniken. Diese beiden Techniken haben aber den Vorteil, dass sie im Betrieb von keinem kostenbelegten Energieträger abhängig sind.

Die Solarthermie nutzt die Energie der Sonneneinstrahlung und gewinnt aus dieser Wärme. Abhängig von dieser Einstrahlung ist sie aber zumeist nicht alleine ausreichend für die Deckung des Wärmebedarfs von einzelnen Haushalten. Somit ist man, wenn man Solarthermie als autarkes Wärmegewinnungssystem nutzen will, auf effiziente Wärmespeicher angewiesen, welche in ihrer Technik heute noch nicht sehr ausgereift sind,.

Bei der Wärmepumpentechnik ist die Nutzung von Erdwärme die am häufigsten gewählte Variante, da die in der Erde vorhandene Wärme ab einer Tiefe von schon ca. 10 Metern keinen nennenswerten Schwankungen unterliegt. Dadurch kann diese dauerhaft genutzt werden, um kostengünstige Wärme für den Haushalt zu gewinnen. Je nach Bodenbeschaffenheit können so mehr oder minder hohe Erdreichtemperaturen genutzt werden. Bei guten Voraussetzungen kann die Wärmepumpe somit den Wärmebedarf eines Wohnhauses komplett decken.

Inzwischen ist es durch stattliche Förderungen, aber auch durch den Versuch den Ausstoß von klimaschädlichen Gasen zu vermindern, dazu gekommen, dass bei Neubauten fast grundlegend, wenn es die örtlichen Begebenheiten erlauben, eine Solarthermieanlage primär zur Deckung des Wärmebedarfs genutzt wird. Zusätzlich zu diesen Anlagen werden dann Brenneröfen mit fossilen oder regenerativen Energieträgern eingesetzt um in den Energieintensiven Phasen im Winter, in denen gerade die Solarthermie ineffizient ist, den Wärmebedarf zu decken.

Diese Kombinationsmöglichkeiten sind heute sehr beliebt und werden auch wegen ihren inzwischen ähnlichen Amortisationszeiten im Vergleich zu einzelnen Heizanlagen immer häufiger eingesetzt. Die Kombination von rein regenerativen Wärmegewinnungsanlagen ist möglich durch die Kopplung von Solarthermie mit Scheitholz und Holzpelletöfen oder aber mit einer Kopplung mit Erdwärme. Die zweite Variante macht es möglich, vollkommen unabhängig von Energieträgern, welche zugekauft werden müssen, zu sein. Somit kann ein Wohnhaus bei richtiger Auslegung und effizienter Speicherung von Wärme, seinen Wärmebedarf aus rein regenerativeren Energieträgern decken und noch dazu keinen CO_2 Ausstoß generieren.

Der Trend geht somit eindeutig in die Richtung autark werdender Heizungssysteme, welche einen immer größeren Anteil ihre Wärme aus regenerativen Energieformen gewinnen. Die Kopplung der Systeme und eine dadurch immer weitere spezielle Anpassung der Heizungssysteme an die örtlichen Begebenheiten sind ein weitere eindeutige Tendenz in der modernen Heiztechnik.

In der Verwendung von regenerativen und effizienzsteigerden Maßnahmen liegt somit heute der Schwerpunkt der Heizungstechnik. Dieser Trend wird sich auch in Zukunft weiter gehen.

1. Einleitung

Der weltweite Primärenergiebedarf steigt täglich und ist zum großen Problem unsere Zeit avanciert. In Deutschland stagniert er seit einigen Jahren, was jedoch die große Ausnahme auf der Welt ist. Die Stagnation ist hervorgerufen durch viele neue Gesetze und Verordnungen, die den Energieverbrauch vermindern sollen, so z.B. das Energieeinsparungsgesetz (EnEG), die Energieeinsparverordnung (EnEV), das Erneuerbare – Energien - Wärmegesetz (EEWärmeG) und das Erneuerbare – Energien - Gesetz (EEG), aber auch durch politische Veränderungen wie dem Mauerfall, oder aber durch den demografischen Wandel.

Die in Gebäuden verbrauchte Primärenergie hat einen Anteil vom deutschen Gesamtenergieverbrauch von 40 %. Dies macht deutlich, wie viel Energie im privaten Haushalt verbraucht wird, um in Form von Wärmeenergie ein räumliches Wohlbefinden zu ermöglichen. Für die Heizungsanlage ist dies gerade im Winter ein großer, energietechnischer Aufwand. (Schramek, S.500)

Aufgrund der genannten neuen Gesetzgebungen ist die Bereitstellung von Wärmeenergie in Häusern zu einem innovativen Markt geworden, in dem es gerade im Erneuerbaren-Energien-Sektor sehr viele verschiedene Möglichkeiten gibt, um ebendiesen Bedarf zu decken. Die Abb.1.1 zeigt die für die Energienutzung verwendeten Energieträger im Jahre 2008. Hier ist noch ein großer Anteil an fossilen Energieträgern zu verzeichnen. Während in der Vergangenheit noch die meisten Gebäude mit fossilen Energieträgern, wie z.B. Gas, Öl und Kohle ihren Wärmebedarf deckten, ist heute auch eine Vielzahl erneuerbarer Energien im Einsatz. Dazu zählen unter anderem Solarthermieanlagen und Wärmepumpen sowie Fernwärme.

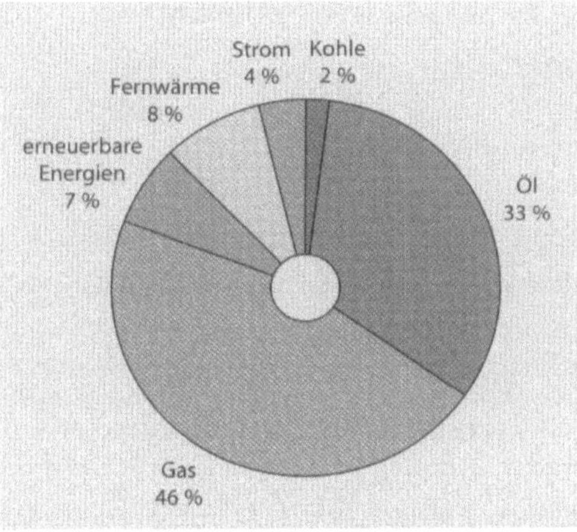

Abb.1.1: Energieträgerstruktur für den Gebäudebestand in Deutschland im Jahre 2008

Besonders interessant ist diese Entwicklung auch unter dem Gesichtspunkt der Kosten für die jeweiligen Energieträger. Dahingehend ist das Thema nicht nur für Industrie- und Bürogebäude interessant, sondern auch für private Haushalte und Wohnhäuser. Während erneuerbare Energien teilweise umsonst vorhanden sind, wie bspw. Erdwärme und Sonneneinstrahlung, müssen fossile Energieträger dauerhaft zugekauft werden und eben auch irgendwo auf der Erde gefördert werden. Gerade deren Preise steigen jedoch trotz starker Schwankungen in den letzten Jahren und Jahrzehnten deutlich und werden auch in Zukunft drastisch steigen, da die größer werdende weltweite Nachfrage und die immer knapper werdenden Ressourcen die Preise dauerhaft in die Höhe treiben werden. (Krimmling, S.12)

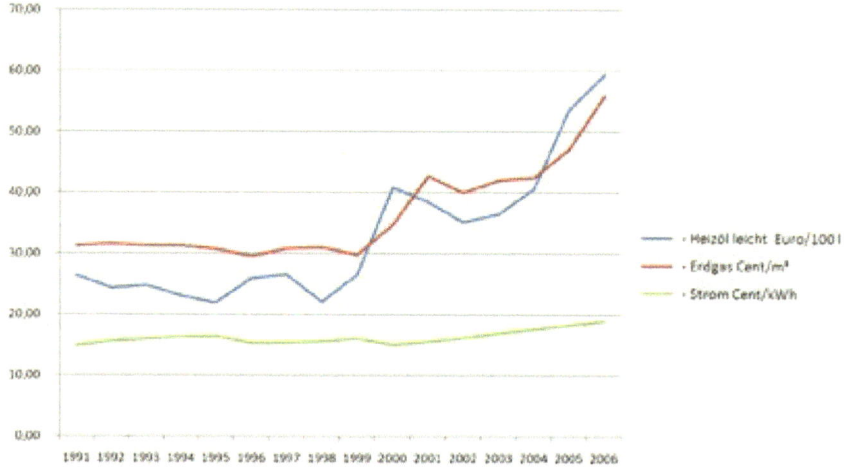

Abb. 1.2: Preisentwicklung der Energieträger der Energieträge für den Wärmebedarf in Gebäuden

Anhand der Kurven in der Abbildung 1.2 kann man erkennen, dass aufgrund der Kostensteigerung ein nachhaltigeres und effektiveres Umgehen mit den fossilen Energieträgern und ein prinzipielles Umdenken hin zu erneuerbaren Energien gerade im Bereich des häuslichen Wärmebedarfs notwendig ist.

Die verschiedenen Wärmeerzeugungsmöglichkeiten in Form von Brennern und Wärmetauschern werden in dieser Ausarbeitung näher untersucht, um ihre Vor- und Nachteile herauszuarbeiten. Das Hauptaugenmerk liegt darin, wie die Wärme gewonnen wird, und wie die einzelnen Heizsysteme in Kombination funktionieren. Dies ist von Bedeutung, da in diesem Bereich versucht wird, die einzelnen Vorteile auszunutzen und die Nachteile zu überdecken. Nicht untersucht wird hier die Nutzung von Kohle, da diese für die Heiztechnik nicht mehr zeitgemäß ist. Des Weiteren bleibt auch die Nutzung von Fernwärme außen vor, da diese aus größeren, nicht direkt der Heizungsanlage zuzuschreibenden, technischen Abläufen entstammt und somit der nicht direkt in der Hand des Wohnhausbesitzer liegt.

2. Einführung in das Thema

2.1 Grundlagen der Thematik

Heizungssysteme unterscheiden sich jeweils von der Größe der zu beheizenden Gebäude und von der Art der Wärmeerzeugung. Dadurch lassen sie sich grundlegend in folgende Grundarten gliedern: (Schrameck, S.507)

- „Einzelheizungen" sind Wärmeerzeuger in Form von einzelnen Öfen (Feuerstellen jeglicher Art), welche einen einzigen Wohnraum beheizen.
- „Zentralheizungen" nennt man ein Heizsystem, welches aus einem Wärmeerzeuger, bestehend aus einem oder mehreren Heizkesseln, den Wärmebedarf aller Räume eines Hauses deckt.
- „Fernheizung" beschreibt eine größere Variante der Zentralheizung, welche die Wärmeenergie für einen gesamten Häuserblock oder Stadtteil produziert und ihn über ein Nahwärmenetz an die einzelnen Häuser verteilt.
- „Heizkraftwirtschaft" bedeutet, dass die Wärmeenergie, welche in Kraftwerken zur Stromerzeugung gewonnen wird, über ein Fernwärmenetz an die umliegenden Häuser, Stadteile oder ganze Städte verteilt wird.
- „Sonderbauarten" beschreibt vor allem die Heizsysteme, welche mit regenerativen Energien die Wärme für Häuser bereitstellen, d.h. Wärmepumpen, Sonnenenergie, Nahwärmekonzepte mit Blockheizkraftwerke und andere.

In dieser Ausarbeitung werde ich mich mit den Zentralheizungen und den Sonderbauarten beschäftigen, da diese größten Teil der in Gebäuden genutzten Wärmeenergie bereitstellen.

Die Heizsysteme von Einfamilienhäusern sind grundlegend zu unterscheiden in Brenneröfen, welche fossile oder nachwachsende Rohstoffe verbrennen, und in jene Systeme, die regenerative Energie in Form von Wärme- oder Strahlungsenergie in das Heizsystem des Hauses einspeisen.

Die verschiedenen Heizsysteme funktionieren in Bezug auf die Energieumwandlungskette prinzipiell gleich. Die Kette beginnt mit der Primärenergie am Anfang außerhalb des Hauses. Diese Energie wird ins Gebäude transportiert und dort zu Endenergie umgewandelt. Nun wird sie entweder von Brenneröfen oder

Wärmetauschern in Nutzerenergie verarbeitet, welche dann, wie in dieser Ausarbeitung eingehend behandelt, zur Wärmebedarfsdeckung genutzt wird. Des Weiteren wird die Energie auch für Antriebe und Hilfsenergie, Beleuchtung oder für Strom genutzt, worauf hier nicht weiter eingegangen wird, obgleich diese auch einen großen Energiebedarf im Haushalt einnimmt. (Krimmling, S. 17)

Bei der Umwandlung zur Endenergie und Nutzenergie entstehen Verluste: beim Transport, durch Wärmedurchgang an Wänden und Fenstern oder aber durch ineffiziente Heizsysteme. Die Effizienzsteigerung der Heizsysteme ist von großer Wichtigkeit, um genau hier den Energieverbrauch von Wohnhäusern zu vermindern. Dieses dient im Umkehrschluss auch wieder der Einsparung von Kosten für die Verbraucher. (Krimmling, S. 17)

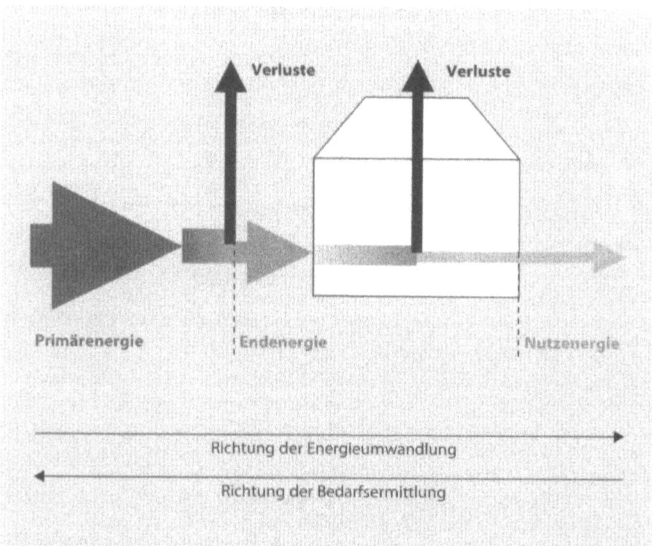

Abb.2.1: Allgemeine Energiebilanz eines Gebäudes

Um die richtige Wahl des Heizsystems für ein Gebäude zu treffen, ist eine Bedarfsermittlung notwendig. Bei dieser wird an Hand der baulichen Daten des Gebäudes, der Anzahl von den im Haus wohnenden Personen und der äußeren Begebenheiten der jeweilige Wärmeenergiebedarf ermittelt. Je nach der benötigten Menge und Bedarfszeiten kann man dann das jeweils sinnvolle Heizsystem auswählen, um ein möglichst effizientes und bedarfsorientiertes Heizen zu ermöglichen. (Krimmling S.20)

Nicht zu vernachlässigen sind bei dieser Wahl natürlich auch die Energieformen, welche am besten zugänglich sind, z.B. vorhandene Erdgasanschlüsse, ein Fernwärmenetz oder aber auch besondere natürliche Begebenheiten wie hohe Anzahl von jährlichen Sonnenstunden oder gute geologische Voraussetzungen für ein Erdwärmepumpensystem.

2.2 Stand der Technik

Bei der Auslegung von Heizsystemen geht es darum, den Energieverbrauch und die Schadstoffemissionen niedrig zu halten bzw. bei vorhandenen Systemen diese zu senken. Dies wird durch hohe Wirkungsgrade und Nutzungszeiten realisiert, oder aber durch die gezielte Nutzung von regenerativen Energieträgern. (Schramek, S.662)

Ein modernes Heizsystem arbeitet grundlegend mit dem folgenden Prozess: Kaltwasser wird in einen Speicher gepumpt. Dieser ist mit spiralförmigen Rohren ausgelegt, in denen ein Wärmeübertragungsmedium oder Heizmedium zirkuliert, z.B. Wasser, Thermoöl oder ähnliches. Dieses Heizmedium wurde vorher – in den für uns relevanten Fällen – in einem Brennerkessel, in einem Sonnenkollektor oder anderen Form der Wärmegewinnung erhitzt. Das erhitzte Medium gibt seine Wärme über Diffusion an das in den Speicher gepumpte Wasser ab. Dieses wird, wenn es die Vorlauftemperatur erreicht hat, nun wiederrum über Umwälzpumpen oder in speziellen Fällen auch über die Schwerkraftregelungen in die Vorlaufrohre des Heizsystems verteilt.

Die Vorlauftemperatur ist unterschiedlich hoch. Früher lag sie zumeist bei 90 °C. Da heute überwiegend Umwälzpumpen ohne jegliche Schwerkraftregelung verwendet werden, kann sie heute deutlich niedriger sein. Heute ist es durch gute Dämmung Standard, im Vorlauf mit Niedertemperaturen von ca. 55°C zu arbeiten. In der Solar- oder Wärmepumpentechnik kann sogar mit noch niedrigeren Temperaturen von 30-35°C gearbeitet werden, hier spricht man dann von Niedertemperaturregelungen. (Schütz, S. 17)

Als Vorlaufrohre bezeichnet man die meist aus Kupfer bestehenden Rohre, welche vor der eigentlichen Wärmeabgabe liegen und das auf Vorlauftemperatur erhitzte Heizungswasser zur Heizfläche, also dem Heizkörper wie in Abb.2.2 dargestellt, einer Fußbodenheizung oder ähnlichem befördern. Obwohl diese Vorlaufrohre nicht der eigentlichen Wärmeabgabe dienen, geben sie diese schon teilweise Wärme an ihre Umgebung ab. Aus diesem Grund müssen sie, wenn sie z.B. durch nicht beheizte Kellerräume vom Speicher zum Wohnraum verlegt sind, speziell gedämmt werden, um den Wärmeverlust auf dem Weg zu dem zu beheizenden Räumlichkeiten zu reduzieren. Die genannten Heizflächen geben dann über Konvektion der Luft an der Heizkörperoberfläche und auch durch Wärmestrahlung ihre Warme an den zu beheizenden Raum ab.

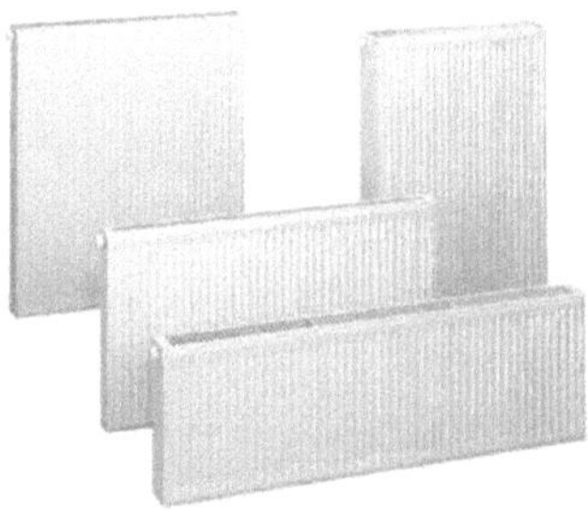

Abb. 2.2: Heizkörper von Viessmann

Heizkörper dienen in den meisten Einfamilienhäusern als wärmeabgebende Medien. Sie sind in der Regel aus dünnem Metall gefertigte Hohlkörper, die einzig nur der Wärmeabgabe in Wohnräumen dienen. Das Wasser hat nach der Wärmeabgabe Raumtemperatur erreicht und wird über die Rücklaufleitungen wieder in den Speicher transportiert, wo es dann wiederum erhitzt wird und der Heizkreislauf von neuem beginnt.

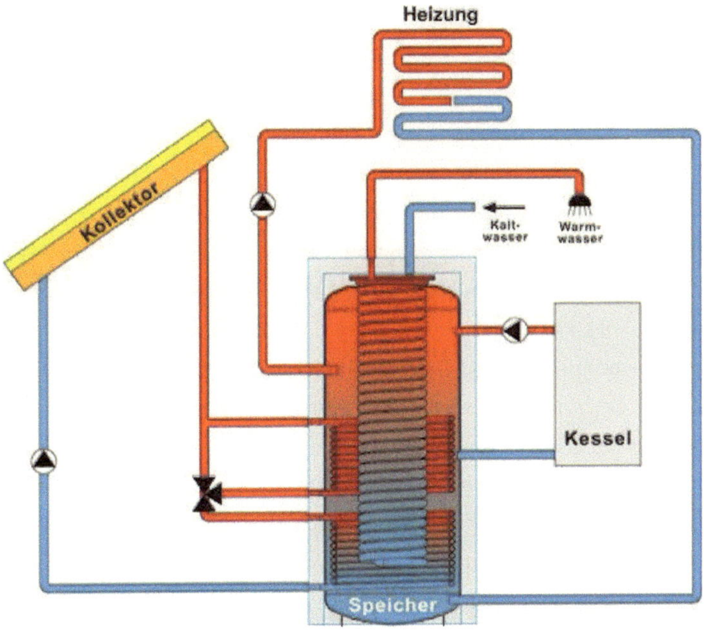

Abb.2.3.: Schema eines Heizsystems

Die Abb. 2.3. zeigt diesen Kreislauf schematisch. In dieser Darstellung sieht man auch, dass Wasser aus dem Speicher entnommen wird, um die Trinkwasserleitungen eines Haushaltes mit heißem Wasser zu versorgen. Auch hierfür wird die Heizanlage genutzt. Es gibt diesbezüglich noch weitere Vorgehensweisen und Bauarten, etwa mit einem separaten Pufferspeicher für die Trinkwassererhitzung. Dieser dient speziell der Trinkwasserversorgung oder dem Heizungssystem. Diese Möglichkeit ist vor allem bei kombinierten Systemen im Einsatz, wenn z.B. ein normaler Brennkessel im Verbund mit einer Solaranlage genutzt wird und der Brennkessel die nicht vom Solarsystem abgedeckten Heizzeiten übernimmt.

Dieses Vorgehen der Raumklimatisierung ist heute der Standard und kann je nach Anlagentyp mit geringem Wartungsaufwand betrieben werden. Im Folgenden werden nun die am weitesten verbreiteten Heizsysteme in modernen Einfamilienhäusern in Deutschland etwas näher beschreiben.

Das Hauptaugenmerk bei der Gewinnung von Wärme liegt auf dem Brennwertkessel. Dieser ist seit Anfang der 90er Jahre für Gas und seit Mitte der 90er Jahre auch für Ölkessel das effizienteste Verfahren der Warmwassergewinnung. Das Besondere an diesem Verfahren ist, dass nicht nur die Verbrennungswärme, sondern auch die Abgaswärme genutzt und ins Heizungssystem eingespeist wird. Hierfür sind spezielle Kondensatoren notwendig, welche die Wärme aus den Abgasen ableiten und somit nutzbar machen. Diese müssen aus besonders korrosionsfestem Material gefertigt sein z.B. Teflon oder druckdichten Edelstahlrohren, da sie sonst zu leicht von den zumeist „sauren“ (d.h. niedriger ph-Wert) Abgasen beschädigt werden.

Bei dieser Technik spricht man von der Nutzung des gesamten Brennwerts des Energieträgers – im Gegensatz zum früher nur genutzten Heizwert. Der Brennwert beschreibt somit die Nutzung aller bei der Verbrennung freigegebenen Wärmeenergiemenge, wenn Zuluft- und Abgastemperatur dieselbe Temperatur von ca. 25°C haben und die gesamte Kondensationswärme genutzt wird. Der Heizwert ist für dieselben Parameter festgesetzt, jedoch ohne Nutzung der Kondensationswärme. Die Nutzung der Kondensationswärme kann bei Ölanlagen eine Steigerung des Wirkungsgrades von 6% und bei Gasanlagen von 11% herbeiführen. (Physikalisches Institut Berlin, 2005)

Um verschiedene Heizsysteme d.h. Brennertechniken qualitativ zu unterscheiden, vergleicht man ihre Wirkungsgrade. Hier gibt es einerseits den „konventionellen“ Wirkungsgrad. Dieser ergibt sich daraus, dass die vom Kesselwasser übertragene Wärmemenge zur im Brennstoff enthaltenen Energie, bezogen auf den unteren Heizwert, als Vergleichsmaß dient. Physikalisch richtig ist jedoch der Wirkungsgrad, welcher sich aus dem oberen Heizwert berechnet und auch im Prozess entstehende Energieverluste miteinbezieht. (Physikalisches Institut B., 2005)

Bei der Verteilung des erwärmten Heizungswassers im Haushalt zur Trinkwassernutzung und Raumklimatisierung gibt es kaum Möglichkeiten zur Effizienzsteigerung. Stattdessen ist die Gewinnung der Wärme ausschlaggebend für den Wirkungsgrad und die Effizienz des Systems. Diesbezüglich wird in dieser Ausarbeitung auf die verschiedenen Arten der Wärmeerzeuger, d.h. der Brennertechniken eingegangen. Diese werden jeweils in ihrer Funktion beschreiben und deren durchschnittlichen Kosten werden benannt und verglichen.

2.3 Begriffserklärung

- **Blockheizkraftwerk (BHKW):** Dies ist eine Verbrennungsmaschine, welche es ermöglicht, bei der Verbrennung von verschiedenen Brennstoffen, elektrische und thermische Energie mit einem hohen Wirkungsgrad zu gewinnen.
- **Brennwert:** Dieser beschreibt die Menge an nutzbarer Wärme, welche bei der Verbrennung und der Nutzung der Abwärme abgeführt werden kann.
- **Brennwertkessel:** Dies ist eine Heizungsbrenneranlage, welche nicht nur den Heizwert eines Energieträgers, sondern auch über spezielle Kondensationstechnik auch die gesamte Abwärme vom Abgas nutzt und somit den gesamten Brennwert eines Brennstoffes ausnutzt.
- **Endliche Energieträger:** Dies sind meist fossile Energieträger, welche nur in einer gewissen Menge auf der Erde vorhanden und nutzbar sind und somit auf absehbare Zeit aufgebraucht seien werden.
- **Endenergie:** Dies ist die Energieform, welche durch ein oder mehrere Umwandlungsschritte aus Primärenergie gewonnen wird. Sie ist bei der Heizanlagentechnik z.B. in Form von Heizöl oder Scheitholz vorhanden.
- **Energieumwandlungskette:** Dies beschreibt den Weg, welche eine Energieform nimmt, um von der Primärenergie über die Endenergie zur Nutzenergie zu werden.
- **Heizwert:** Dies ist die bei einer Verbrennung maximal nutzbare Wärme – ohne die Nutzung einer Kondensation der Abwärme
- **Heizwärmebedarf:** Dieser bezeichnet die Nutzenergie, welche ein Gebäude benötigt, um die gewünschte Raumklimatisierung zu gewährleisten.
- **Nutzerenergie:** Diese ist die Energie, welche als letzter Teil der Energieumwandlungskette verwendet wird, um sie z.B. für die Klimatisierung eines Gebäudes zu verwenden.
- **Primärenergie:** Hierbei handelt es sich um die Grundform eines Energieträgers wie er z.B. als Öl im Erdinneren oder Holz in Form von Bäumen im Wald vorzufinden ist und noch nicht weiterverarbeitet wurde.
- **Pufferspeicher:** Dieser – teilweise auch nur Puffer genannt – dient dazu, die Wärmeenergieunterschiede zwischen erzeugter und benötigter Wärme auszugleichen und für einen gewissen Zeitraum zu speichern.

3. Beschreibung der einzelnen Heizsysteme

3.1 Fossile Energieträger abhängige Brenneröfen

3.1.1 Ölbrenner

Brenneröfen, die mit Heizöl befeuert werden, sind heute noch in vielen Wohnhäusern zu finden. Sie verfügen durch die Brennwertkesseltechnik über gute Wirkungsgrade und sind kostengünstig in der Anschaffung. Heizöl ist zumeist leicht zugänglich und auch die Lagerung, z.B. in Tanks im Keller, hat sich über Jahre durchgesetzt.
Die vier Grundvarianten von Öl-Heizsystemen kann man wie folgt unterscheiden: (Schrameck, S. 500ff)

- Konstanttemperaturkessel: Dies sind meist Gusskessel, welche bei konstanten Kesseltemperaturen von 80-90°C arbeiten. Sie haben jedoch eine Abgastemperatur von >160°C und dadurch hohe Prozessverluste von ca. 20%
- Niedertemperaturkessel: Diese sind meist Guss- oder Stahlkessel mit verschiedenen Kesseltemperaturen zwischen 40-80°C. Die Abgastemperaturen liegen etwa bei >120°C und haben diesbezüglich geringe Prozessverluste
- Brennwertsysteme: Diese Kessel bestehen aus kondensationsresistentem Stahl oder Edelstahl. Sie haben niedrige Kesseltemperaturen von 30-80 °C und Abgastemperaturen von 40-110°C.
- Voll-Brennwertsysteme: Für diese Systeme wird eine Kombination aus Stahlkessel und Kunststofftauscher genutzt. Diese arbeiten bei Kesseltemperaturen von 50-80°C und senken die Abgastemperaturen durch Kondensation auf <47 °C ab. Das System erreicht dadurch hohe Wirkungsgrade

Die verschiedenen Varianten unterscheiden sich vor allem in ihrem Wirkungsgrad – hervorgerufen durch die Prozessverluste aus Wärmestrahlung und Abgaswärme. Beim Konstanttemperaturkessel hat man im Durchschnitt einen Wirkungsgrad von ca. 66%, beim Niedertemperaturkessel von ca. 88% und beim Voll-Brennwertkessel von ca. 95%. (Viessmann Group, 2011)
Der Prozess der Verbrennung verläuft bei allen Varianten ähnlich. Das Heizöl wird von einer Pumpe angesaugt und danach auf ca. 100°C elektrisch erwärmt. Früher arbeitete man ohne Vorerwärmung, jedoch erhöht der Einsatz dieser Technik den

Wirkungsgrad. Nun wird das Heizöl von einer Düse zerstäubt, in den Brennraum eingeblasen und dort von einer Zündelektrode entzündet. (Götz, 2011)

Die noch heute üblichen Brenner haben bei der Verbrennung eine gelbe Flamme und werden auch deshalb Gelbbrenner genannt. In den letzten Jahren setzten sich jedoch sogenannte Blaubrenner durch. Bei diesen wird ein Teil der Abgase zur Wurzel der Brennerflamme zurückgeführt, um das eingespritzte Heizöl zu erwärmen und vergasen. Dieser Vorgang dient der Absenkung des Stickstoffoxid- und Kohlenmonoxidanteils im Abgas. (Götz, 2011)

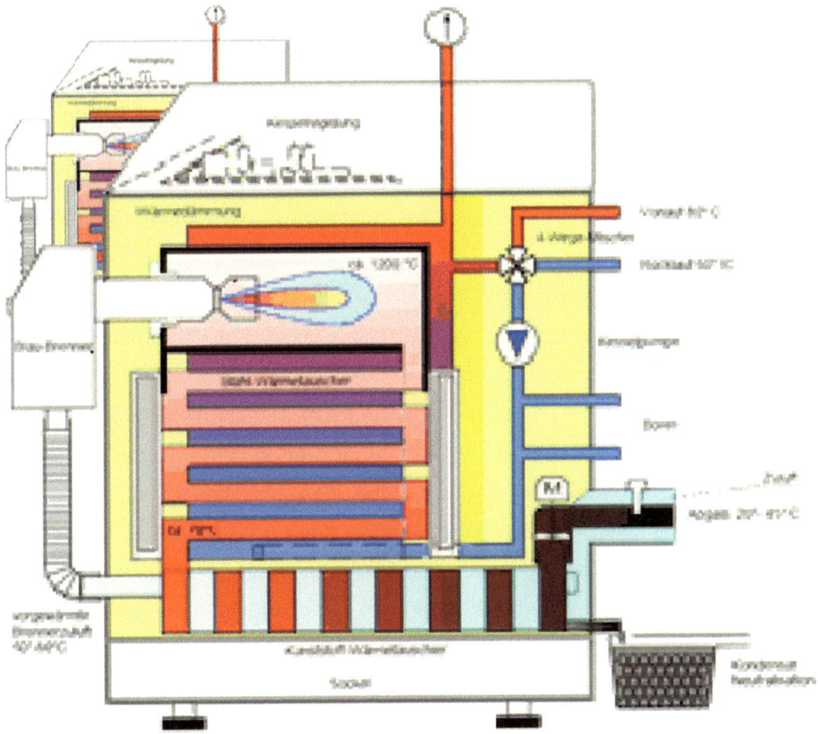

Abb. 3.1: Vollbrennwertkessel mit Blauer Flamme

Die Abb. 3.1 zeigt einen solchen Ölbrennerofen mit einer blauen Flamme. Besonders deutlich wird bei dieser Funktionsansicht der Weg der erzeugten Abgase. Bei diesem senkt sich Temperatur durch die Nutzung von Kondensation und Wärmetäuscherplatten immer weiter ab. Am oberen Teil des Ofens wird das heiße

Wasser für den Speicher abgeleitet und somit dem Heizsystem zugeführt. Diese Nutzung der gesamten, bei der Verbrennung entstandenen, Wärme macht es möglich, dass bei der Brennwerttechnik so hohe Wirkungsgrade erzielbar sind. (Götz, 2011)

Die Technik der Heizölbrenneröfen ist zwar heute sehr kostengünstig in der Anschaffung. Die Kosten für den Betrieb hängen jedoch dauerhaft mit den Heizölpreisen zusammen. Dies führt gerade in den letzten Jahren zu einer tendenziellen Abkehr von diesem Energieträger, hin zu Varianten, die unabhängig von fossilen Energieträgern sind, z.B. durch eine Kopplung des Heizungssystems mit einer Solarthermieanlage.

3.1.2 Gasbrenner

Die Gasbrennertechnik unterscheidet sich von der Ölbrennertechnik, so wie sie zumeist heute zum Einsatz kommt, nur sehr wenig. So gibt es einige Brenner, welche vom Hersteller auch als Öl- und Gasbrenner vertrieben werden. Jedoch gibt es anlagenspezifische Unterschiede, welche sich wie folgt beschreiben lassen: Bei einem Gasbrenner lässt sich grundlegend unterscheiden in die raumluftabhängigen und raumluftunabhängigen Heizkessel. Die raumluftabhängigen Heizkessel sind die ältere Bauweise, welche den für die Verbrennung gebrauchten Sauerstoff aus der Raumluft direkt beziehen. Dies hat zur Folge, dass der Kessel nur in separaten Räumen aufgestellt werden kann. Diese stehen dann größtenteils für keine weitere Nutzung für den Hauseigentümer zur Verfügung und müssen separat mit Frischluft versorgt werden, um einen längeren Aufenthalt in diesem Raum möglich zu machen. (Gasbrennwerttechnik, 2011)

Die raumluftunabhängigen Heizkessel sind die modernere Technik, welche eben diese Separierung nicht benötigen. Der Brenner bezieht den benötigten Sauerstoff über Verbindungsrohre, welche zwischen Brenner und Gebäudeaußenwand angebracht sind. Die nötige Luft wird mit einem Gebläse angesaugt und in den Brennraum transferiert. Dadurch kann der Gasbrenner in jedem beliebigen Ort im Wohnhaus aufgestellt werden, solange ein Zugang zur Frischluft installierbar ist. (Gasbrennwerttechnik, 2011)

Die moderne Gasbrennwerttechnik arbeitet heute sehr geräuscharm und ist unter anderem auch in spezieller wandhängender Bauweise montierbar, was das Spektrum des Einsatzortes im Wohnhaus noch erweitert. Auch die Speicher für die Warmwasserbereitung sind diesbezüglich inzwischen in ihrer Größe und Kompatibilität verbessert und können zugehörig montiert werden. (Viessmann Group, 2011)

Die Brennwerttechnik ist auch in der Gasbrennertechnik funktionsfähig und ist dabei die zurzeit bewährteste Form der Gasverbrennung. Durch die Nutzung der gesamten Abwärme über Kondensation wird auch hier der Wirkungsgrad noch einmal deutlich erhöht. Da fast die komplette Wärme aus der Verbrennung herausgezogen wird, erzielt man hier Wirkungsgrade um 98%. (Viessmann Group, 2011)

Die Verbrennung von Erdgas in Wohnhäusern mit der Brenner- oder Brennwerttechnik ist die heute weit verbreitetste Form der Wärmegewinnung. Sie ist durch die oben beschriebenen baulichen Vorteile der Anlage unkompliziert anwendbar und somit für den Verbraucher von großem Vorteil gegenüber z.B. einer Ölheizung, da sie meist in den Anschaffungskosten auch auf gleichem Niveau liegen. Jedoch sind auch die Gasbrenner von einem fossilen Brennstoff abhängig. Dies hat in den letzten Jahren dazu geführt, dass auch diese Technik immer mehr mit regenerativen Techniken im Verbund eingesetzt wird, um die Abhängigkeit von diesen Energieträgern und ihren Preisen zu reduzieren.

3.1.3 BHKW Technik

Die BHKW (Block-Heiz-Kraftwerk) Technik bietet die Möglichkeit, verschiedene Brennstoffe, unter anderem Erdgas, Heizöl, Pflanzenöl zu verbrennen und dabei sowohl Wärme- als auch elektrische Energie zu gewinnen. Die Verbrennung wird bei dieser Technik zumeist Vier-Takt-Verbrennungsmotoren realisiert, wie man sie aus der Automobiltechnik kennt. Aber es werden auch neuere Methoden erprobt, wie z.B. die Neuauflage des Sterling Motors (Viessmann Group, 2010)

Im BHKW wird durch die Verbrennung von Energieträgern primär mechanische Energie gewonnen, welche dann in Strom umgewandelt wird. Die bei diesem Prozess entstehende Wärme kann zum größten Teil aus dem Prozess abgeführt werden und zur Nutzung im Heizkreislauf eingesetzt werden. Diese Technik ermöglicht es, einen Wirkungsgrad der Energieumwandlungskette von über 90% zu realisieren, wenn man beide gewonnen Energieformen zusammen zählt. (Viessmann Group, 2010)

Ein Beispiel hierfür ist das BHKW „Vitobloc 200 Typ EM18/36“ der Firma Viessmann. Dieses erreicht einen Wirkungsgrad von 96,4% bei der Gewinnung von 18 KWel und 36 KWth Energie, wie das Energieflussdiagramm als Abb. 3.2 für das genannte BHKW deutlich macht. (Viessmann Group, 2010)

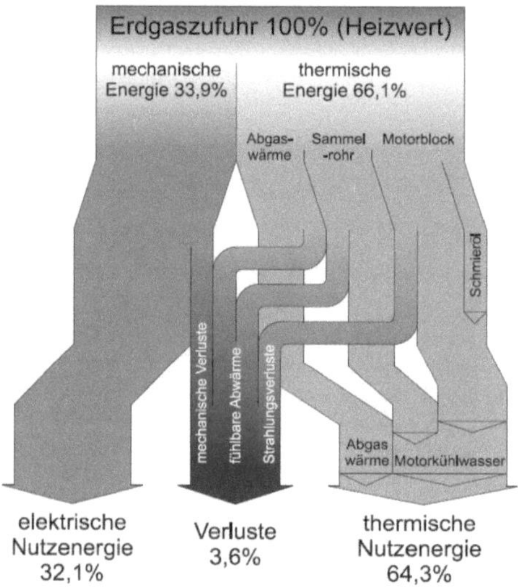

Abb. 3.2. Energieflussdiagramm eines kleinen BHKW

Ein BHKW kann entweder auf die Strom- oder auf die Wärmegewinnung geführt betrieben werden. Die Betrachtung des wärmeabhängigen Betriebes ist in diesem Falle am sinnvollsten, wenn die Deckung des Wärmebedarfs im Vordergrund steht. Bei diesem wird Strom nur als Nebenprodukt gewonnen, welcher in das Stromnetz eingespeist werden kann und dementsprechend auch staatlich vergütet wird, oder aber direkt im Wohnhaus genutzt wird.

Das BHKW arbeitet wie oben beschrieben z.B. mit einem Vier-Takt-Motor. Die Arbeitslast dieses Motors ist so gesteuert, dass die im Prozess entstehende Abwärme, welche über Kühlkreisläufe abgeleitet wird, den Wärmebedarf des Heizsystems deckt. Die Verbrennung des Brennstoffes geschieht in vier Takten, welche in Abb. 3.3 dargestellt sind und sich wie folgt beschreiben lassen: (Krimmling, S.147)

- 1. Ansaugen, ein vorher gemischtes Brennstoff-Luftgemisch wird in den in den Zylinder gesaugt.
- 2. Verdichten, hier wir dieses Gemisch durch die Hubbewegung des Kolbens verdichtet und dadurch erwärmt.
- 3. Verbrennen und Entspannen, über eine Zündkerze oder –spule wird das verdichtete Gemisch entzündet und setzt somit Energie frei und drückt den Kolben wieder herunter.
- 4. Ausstoßen, die Hubbewegung des Kolbens befördert die Verbrennungsgase aus dem Brennraum.

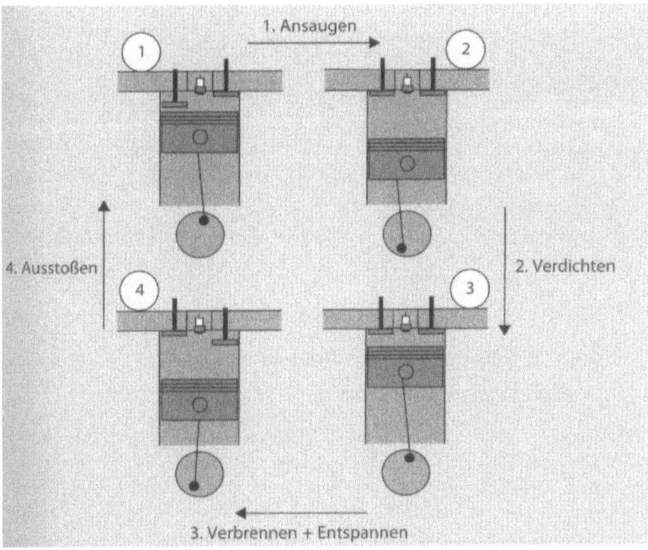

Abb. 3.3 Zylinder eines Vier Taktmotor mit seinen Vier Takten schematisch

Die Abwärme im Verbrennungsprozess und die Wärme der entstehenden Abgase wird genutzt, um Wasser im Kessel der Heizanlage eines Gebäudes zu erwärmen. Dieses erwärmte Wasser im Heizkessel wird dann wieder in den Heizungsspeicher geleitet und dient dann der Nutzung für die Warmwasserbereitung. Die Hubbewegung des Kolbens wird über einen Pleuel auf eine Welle übertragen,

welche dann einen Stromgenerator antreibt und somit aus mechanischer, elektrische Energie gewinnt. (Krimmling, S.146, 2009)
Da eine direkte Verbrennung von z.B. Erdgas im Kessel, wie unter 3.1.2 beschrieben, einen thermischen Wirkungsgrad von annähernd 98% hat, ist dies somit meist einem BHKW für die reine Nutzung als Wärmelieferant vorzuziehen. Diese liefern nur einen thermischen Wirkungsgrad von ca. 60 %. Jedoch setzt sich die Nutzung von der BHKW Technik immer mehr im Einfamilienhaussektor durch. Dies liegt vor allem an der Gewinnung von Strom, welche zur Deckung des Eigenbedarfes genutzt wird. Der Strom kann aber auch eingespeist wird, um hierfür Vergütungen des Netzbetreibers bzw. von staatlicher Seite zu erhalten, was dazu führt, dass sich eine neue Heizungsanlage sehr viel schneller amortisieren. (Viessmann Group, 2010)

3.2 Erneuerbare Energien abhängige Öfen

3.2.1 Solarthermie

Die Solarthermie nutzt die Strahlungsenergie der Sonne, um sie in Wärme für die Gebäudebeheizung oder für die Trinkwasseraufbereitung zu verwenden. Die Abb. 3.3 zeigt einen Solarkreislauf zur Wärmeanwendung schematisch mit den Einsatzmöglichkeiten für Heizungssysteme in Wohnhäusern für die Pufferspeichernutzung, Warmwasseraufbereitung oder aber im Raumklimatisierungssystem.

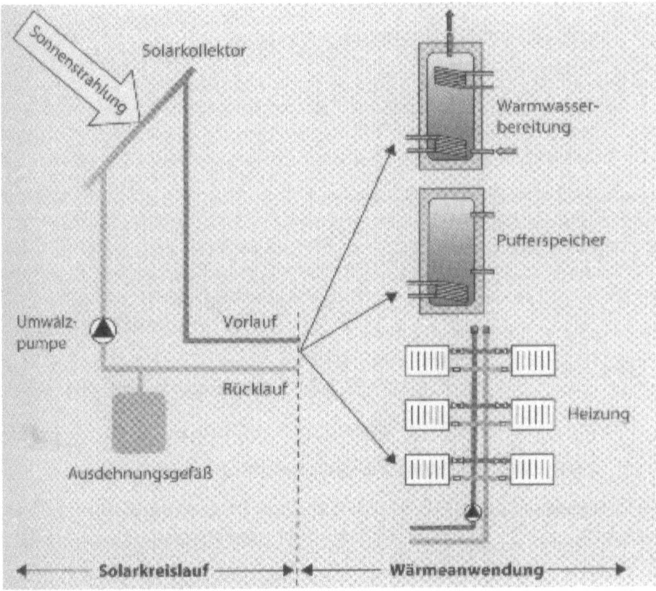

Abb. 3.4: Solarthermische Anlage mit Heizsystem

Eine solarthermische Anlage lässt sich in folgende Komponenten und ihre Funktionen gliedern. Die Hauptkomponente ist ein Solarkollektor, welcher heute als Flach- oder Röhrenkollektor am Markt zu finden ist. Beide funktionieren ähnlich, sind jedoch in ihrem Aufbau unterschiedlich.

Bei einer Solaranlage wird das Heizungswasser oder z.B. Thermo-Öl eines Heizungsspeichers in den Solarkollektor mit einer Umwälzpumpe gepumpt. In Abhängigkeit vom Winkel des Aufstellungsgrades eines Solarkollektor und der Ausrichtung in Sonnenrichtung variiert die Effizienz dieser Technik. Ideal ist hier eine Ausrichtung nach Süden, bei einem Aufstellwinkel von 30° zum Erdboden, des Sonnenkollektors. Die Abb. 3.3 zeigt die zwei möglichen Bauweisen. Der obere der beiden Querschnittschemas ist ein Röhrenkollektor, welcher dem Namen entsprechend aus Röhren besteht, welche parallel zueinander auf den Halterungen montiert sind und zumeist als Module von 5-15 Röhren vom Hersteller vormontiert werden. (Krimmling, S.59, 2009)

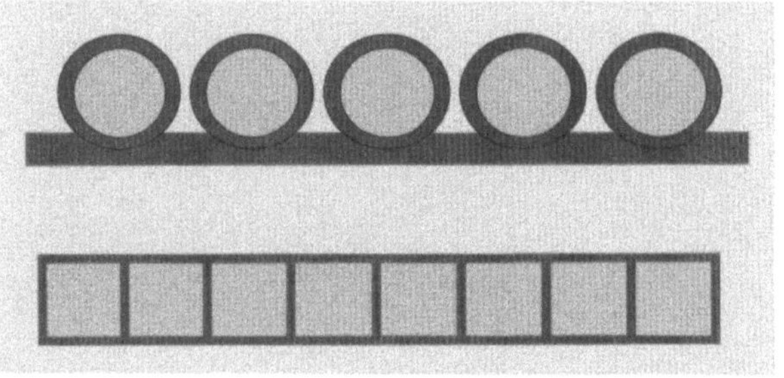

Abb. 3.5: Flach- und Röhrenkollektoren im Querschnitt

Ein Flachkollektor besteht anders als ein Röhrenkollektor aus einem Gehäuse in dem Rohre spiralförmig ausgelegt sind. Diese werden auch Absorber genannt. In jenen Absorbern zirkuliert dann temperaturabhängig der eingepumpte Wärmeträger. Eine transparente Abdeckung an der Oberseite des Kollektors lässt direkte und diffuse Solarstrahlung in den Kollektor hinein, was wiederum zu einer Erwärmung des Wärmeträgers führt. Durch diese Erwärmung steigt der Wärmeträger im Kollektor auf und wird über den Rücklauf wieder in den Heizkreislauf eingebunden, wo er die Wärme wieder abgibt. Die Abbildung 3.5 zeigt den Aufbau eines Flachkollektors schematisch. Nach dieser Wärmeabgabe wird er erneut in den Solarkreislauf rückgeführt und somit beginnt der solarthermische Heizkreislauf von neuem. (Krimmling, S.61, 2009)

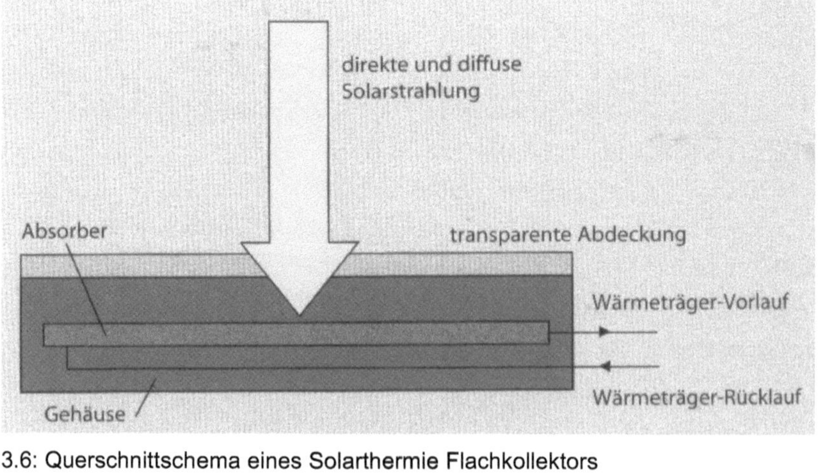

3.6: Querschnittschema eines Solarthermie Flachkollektors

Bei Röhrenkollektoren liegen die wärmeträgerführenden Rohre direkt in der Luft ohne Kollektorgehäuse. Dies hat den Vorteil, dass sie von allen Seiten bestrahlt werden können und somit einen höheren Wirkungsgrad haben. Leider sind sie aber in der Praxis durch häufige Undichtigkeiten sehr anfällig, was dem Vorteil des höheren Wirkungsgrades wieder entgegen wirkt. Bei Flachkollektoren hat man heute einen Wirkungsgrad von ca. 55 %, während man bei Röhrenkollektoren mit gleichen Voraussetzungen auf ca. 70 % kommt. (Krimmling, S.69, 2009)

Die Solarthermie allgemein hat den Vorteil, dass sie keine Kosten für den Energieträger in ihrem Prozess und somit nur in der Anschaffung und Installation einen großen Kostenaufwand hat. Jedoch ist die Solarthermie im heutigen technischen Zustand für eine autarke Nutzung als Heizungsanlage von Wohnhäusern zumeist nicht ausreichend. Ausschlaggebend hierfür ist, dass nicht genug Solarstrahlung z.B. in Deutschland vorhanden ist, um gerade in den Hauptnutzungsphasen im Winter den Wärmeenergiebedarf zu decken. Um diesem entgegen zu wirken, werden gerade hier immer neue Möglichkeiten der Wärmeenergiespeicherung gerade für den Wohnhausbereich entwickelt, welche es möglich machen sollen, mit Solarthermie den gesamten Wärmebedarf eines Haushaltes zu decken.

Eine der Wärmeenergiespeichermöglichkeiten sind gedämmte Tanks im Erdreich, welche über das gesamte Jahr hinweg als Wärmespeicher dienen. Diese können in Hochphasen der Solareinstrahlung im Sommer die Wärmeenergie speichern, wenn mehr Wärmeenergie gewonnen wird als benötigt. Im Winter kann sie dann wieder aus dem Speicher heraus gespeist werden und für den Wärmekreislauf einer Heizungsanlage genutzt werden. Die Firma Kettner Energietechnik GmbH aus Gießen stellte unlängst auf der ISH 2011 in Frankfurt eine ebensolche Technik aus, welche sie an wenigen Anlagen in Deutschland auch schon eingesetzt haben.

Diese Speichertechnik und andere, die gerade am Markt erprobt werden, sind für die Zukunft gesehen große Hoffnungen für die Solarthermie, da diese die Einsetzbarkeit dieser Technik verbessern und vor allem den Anteil der durch Sonneneinstrahlung gewonnener Wärme deutlich erhöhen können. Somit kann sie für den Verbraucher dauerhaft ermöglichen, ein kosteneffizientes Heizsystem aus regenerativen Energien im eigenen Wohnraum zu nutzen.

3.2.2 Wärmepumpen mit Erdwärme

Die Wärmepumpentechnik basiert auf der Idee, Wärme aus einem Medium der Umgebung zu entziehen und diese über einen Wärmetauscher in den Heizkreislauf eines Gebäudes einzuführen. Hierfür gibt es verschiedene wärmetragende Medien, aus welchen diese Wärme gezogen werden kann. Die Abb. 3.6 zeigt diese in Verbindung mit ihrer Verfügbarkeit und macht deutlich, dass die mit der höchsten Wärmeabgabe nutzbaren Medien nicht die sind, welche am besten verfügbar sind. (Krimmling S. 110, 2009)

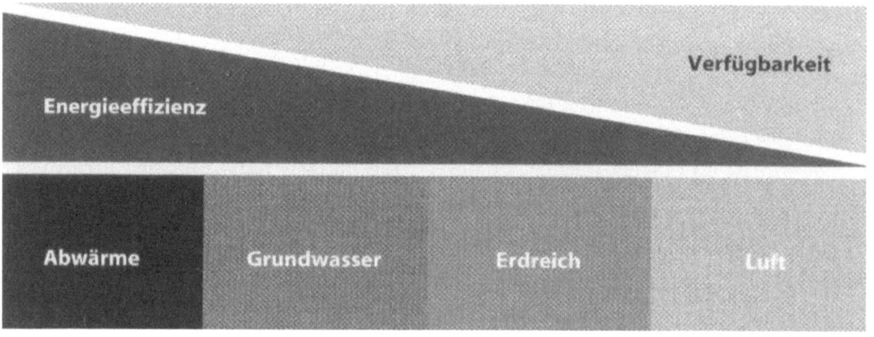

Abb.3.7: Wärmequellen für Wärmepumpen und ihre Verfügbarkeit

Die Wärmepumpe hat Wärmesonden in einem wärmetragenden Medium, welche die Wärme aufnehmen. Diese wird dann in Form von Wasser o. ä. aus dem Medium herausgepumpt und dann weiter in den Wärmetauscher geleitet. Dieser ist z.B. ein Pufferspeicher, welcher die Wärme in den Heizkreislauf einbringt. Die für diesen Prozess nötige Technik ist somit begrenzt auf Wärmesonden im Wärme abgebenden Medium, Pumpen- und Röhrentechnik, welche eine wärmetragende Flüssigkeit in den Wärmetauscher leitet, und dementsprechend einen Wärmetauscher. (Krimmling S. 112, 2009)

Wärmepumpen können bei kleineren Wohngebäuden genutzt werden, um den gesamten Wärmebedarf zu decken. Hier spricht man von monovalenter Nutzung. Ist die Wärme, die die Wärmepumpe liefert, nicht ausreichend, um den Bedarf zu decken, werden sogenannte bivalente Systeme eingesetzt, d.h. Kombination mit anderen Wärme erzeugenden Techniken. (Krimmling, S 127, 2009)

Diese Technik der Wärmepumpen hat sich gerade in der Nutzung von Erdwärme durchgesetzt, da diese im Verhältnis der Verfügbarkeit und dem Wärmeabgabekapazitäten zumeist die besten Voraussetzungen hat. Um diese zu nutzen, werden mehrere Bohrungen ins Erdreich durchgeführt, welche dann aus diesem die Wärme aus dem Grundwasser oder direkt aus dem Erdreich fördern. Für diesen Vorgang sind dann z.B. zwei Bohrungen ins Erdreich vonnöten, in denen dann jeweils eines zum Ansaugen der Erdwärme und eines zum Rückführen benötigt wird. Ein Beispiel hierfür zeigt die Abb. 3.7, hier wird speziell Erdwärme des Grundwassers über eine Wärmepumpe genutzt, um einen Niedertemperaturheizkreislauf eines Wohnhauses zu betreiben.

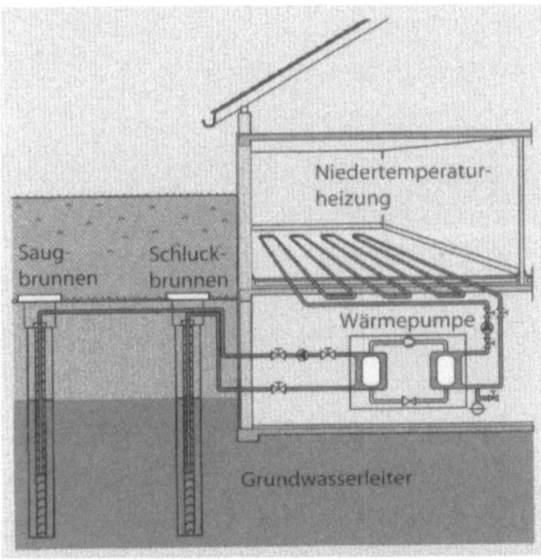

Abb. 3.8: Erdwärmepumpe für Niedertemperaturheizung

Da die Erdwärme in niedrigen Tiefen von 10 – 100 m nur geringe Temperaturen aufweist, ist sie zumeist nur für die Niedertemperaturheiztechnik verwendbar und somit zumeist noch abhängig von einem zweiten Wärmegewinnungssystem, um den Wärmebedarf eines Wohnhauses zu decken. Dies ist sowie über fossile Energieträger verbrennende aber auch regenerative Heizsysteme möglich. Ihr großer Vorteil liegt darin, dass sie nicht abhängig von einem Brennstoff ist. Des Weiteren unterliegt die Temperatur im Erdreich nur sehr geringen Schwankungen und damit kann ein sehr kontinuierlicher Heizprozess durchgeführt werden. Für den Betrieb dieser Anlage ist somit nur elektrische Energie nötig, damit die Pumptechnik arbeiten kann. (Krimmling S. 115, 2009)

Die Erdwärmetechnik kann aber auch in kleineren Tiefen eingesetzt werden, so gibt es sogenannte Erdwärmekollektoren, welche als ein Röhrennetz in geringeren Tiefen realisiert werden und Erdwärme aus dem Bereich von 1-10 m Tiefe nutzen. Diese Technik hat leider sehr unstabile Wärmegewinnungsgrade, da erst ab einer Erdreichtiefe von 10 m eine das ganze Jahr über gleiche Temperatur vorhanden ist.
Der Einsatz von Erdwärmesonden in großen Tiefen wird besonders bei größeren Anlagen genutzt, da sich hier der deutlich höhere Aufwand bezahlbar macht. So hat die RWTH Aachen in 2005 eine Anlage in Betrieb genommen, welche über Erdwärmesonden in einer Tiefe von 2500 m verfügt und aus diesen Wärme fördern, welche eine Temperatur von 70 – 100 °C aufweist. Diese Technik ist jedoch nur für große Anlagen sinnvoll, da allein die Kosten für die Bohrungen die Kostenspanne für die Heiztechnik eines Einfamilienhauses überschreiten würden. (RWTH Aachen, 2010)

3.2.3 Holzöfen

Die Verfeuerung von Holz hat einen langen historischen Hintergrund und ist gerade heute noch durch die einfachen regional möglichen Beschaffungsarten dieses Brennstoffes gerade in den ländlichen Regionen, wo er noch sehr leicht zugänglich ist, sehr beliebt. Am weitesten verbreitet waren noch Mitte des letzten Jahrhunderts einzelne Holzöfen als Einzelheizung in Wohnräumen, welche für einen oder mehrere Räume Kachelöfen oder ähnliches genutzt. Diese Öfen erfahren heute jedoch eine neue Renaissance. Des Weiteren gab es auch die Möglichkeit, Holzöfen als Zentralheizung zu verwenden. Diese Technik hat gerade in den letzten Jahren an Zuspruch gewonnen, weil es hier inzwischen Kombinationsmöglichkeiten gibt, welche es möglich machen, einen Holzofen einerseits als Einzelheizung für einen Wohnraum zu nutzen und andererseits große Teile der gewonnenen Wärme sehr effizient ins Heizungssystem einzuspeisen. (Krimmling, S. 130, 2009)
Diese neuen Öfen sind so konzipiert, dass sie z.B. im Wohnzimmer eines Hauses aufgestellt sind und dort der Raumklimatisierung dienen. Gleichzeitig wird über Wärmetauscherplatten im Ofen Wärme abgeführt und diese ins Heizungssystem, in den meisten Fällen in einen Pufferspeicher, zugeführt.

Die Abb.3.9 zeigt ein Holzfeuerungssystem mit Wärmeauskopplung schematisch. In einem Holzofen geschieht die Verbrennung des Brennstoffes, anders als bei der Öl- oder Gasverbrennung, in drei Schritten. Zuerst wird in der „Trocknung" bei der Verbrennung dem Holz das noch enthaltene Wasser entzogen, danach werden in der sogenannten „Pyrolyse", die gasförmigen Anteile im Holz ausgestoßen. Als letztes kommt dann die eigentliche Verbrennung, bei welcher die noch vorhanden festen und gasförmigen Bestandteile im Holz oxidieren und somit verbrennen. Übrig bleibt hier die zu Asche zerfallenen festen Bestandteile und die warmen Abgase, welche nach oben aufsteigen. Diesen werden nun über Wärmetauscherplatten die Wärme weitestgehend entzogen, um sie dann über einen Schornstein aus dem System zu transportieren. (Krimmling, S 134f, 2009)

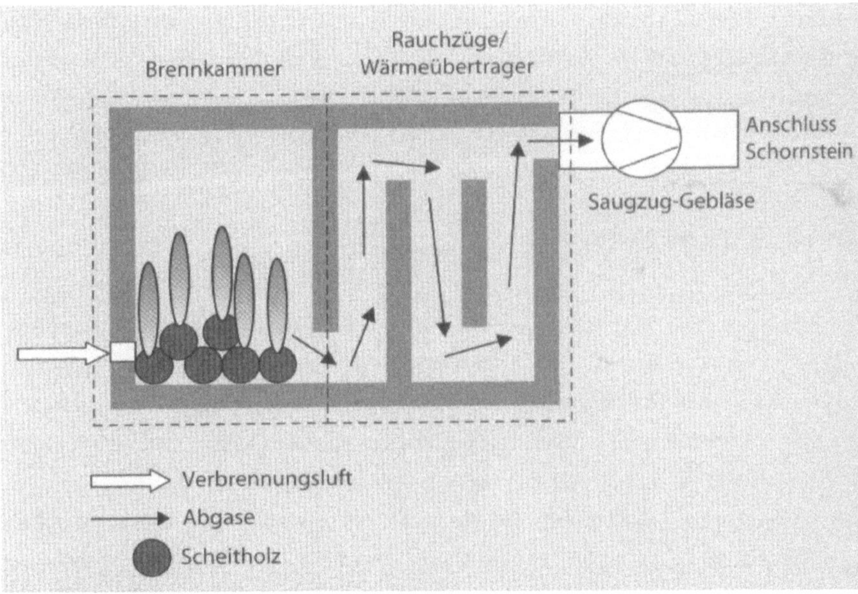

Abb. 3.9: Scheitholzofen mit Verbrennungswärmenutzung für das Heizungssystem

Bei der Verbrennung von Holz ist es besonders wichtig, eine hohe Temperatur im Brennraum zu erreichen. Die Temperaturen bei der Verbrennung liegen zwischen 600 – 1000°C, am effizientesten ist die Verbrennung im höchsten Temperaturbereich. Die Temperaturen bei der Verbrennung sind sehr abhängig von der Holzqualität, einerseits der der Holzart und andererseits der Art und Länge der

Lagerung, was die Trockenheit des Holzes und somit den Heizwert am meisten beeinflusst. (Filla, 2011)
Der große Nachteil dieser Technik ist jedoch der nötige Lagerraum, der für die über das Jahr gerechnet, enorme Menge an Scheitholz benötigt wird. Von Ofenherstellern wird empfohlen, die dreifache Menge des Jahresbrennholzbedarfes vorrätig zu haben, um eine ausreichende Trocknung des Brennmaterials zu gewährleisten. Auch die Tatsache, dass diese Öfen vom Nutzer selbst bestückt werden müssen und dieser somit die Heizleitung selber regelt, macht den Heizprozess arbeitsintensiv. Eine automatische Regelung der Holzzufuhr ist mit der heutigen Technik leider nicht möglich
Durch diese Technik kann der Wärmebedarf eines Wohnhauses komplett gedeckt werden, wenn der Holzofen dementsprechend ausgelegt wird. Besonders interessant ist auch der Einsatz dieser Brennertechnik im Verbund mit Solarthermie. Hier können die schwachen Phasen der Solarthermie im Winter mit dem Holzofen ausgeglichen werden.

3.2.4 Pelletöfen

Die Pelletöfen sind ebenfalls Holz verbrennende Öfen, welche jedoch von ihrer Funktionsweise und ihrem Aufbau Unterschiede her aufweisen. Speziell ist hier, dass die Form des Brennstoffes speziell in den namensgebenden Holzpellets. Holzpellets sind kleine zu zylindrischen Körpern zusammengepresste Holzschnitzel von 8-30 mm Länge und einem Durchmesser von 5-6 mm Breite. (ÖNORM M 7137, 2003)
Der Aufbau eines Pelletofens unterscheidet sich nur gering von dem eines Scheitholzofens. Grundlegend anders ist nur, dass nicht der Nutzer Scheitholz per Hand nachlegen muss, sondern, dass die Holzpellets über eine Fördertechnik, je nach benötigtem Wärmebedarf geregelt, dem Brennraum zugeführt werden. Abb. 3.10 zeigt einen Pelletofen schematisch mit der beschriebenen Pelletzufuhr. Deutlich zu sehen ist hierbei die Ähnlichkeit zu den im vorherigen Kapitel beschriebenen Holzöfen. Die im Brennraum entstehende Wärme wird über Wärmetauscherplatten abgeleitet und dem Heizungssystem zugeführt, während die abgekühlten Abgase über den Schornstein abgeführt werden. Auch hier ist es möglich, den Pelletofen als Einzelheizung für Wohnräume zu nutzen und gleichzeitig große Teile der Wärme

abzuführen, um diese wie eine Zentralheizung für die Wärmeerzeugung für das gesamte Wohnhaus zu nutzen. Der Standort des Pelletofen ist jedoch auch abhängig von den Möglichkeiten der Pelletlagerung und Zuführung in das System. (Krimmling, S 136, 2009)

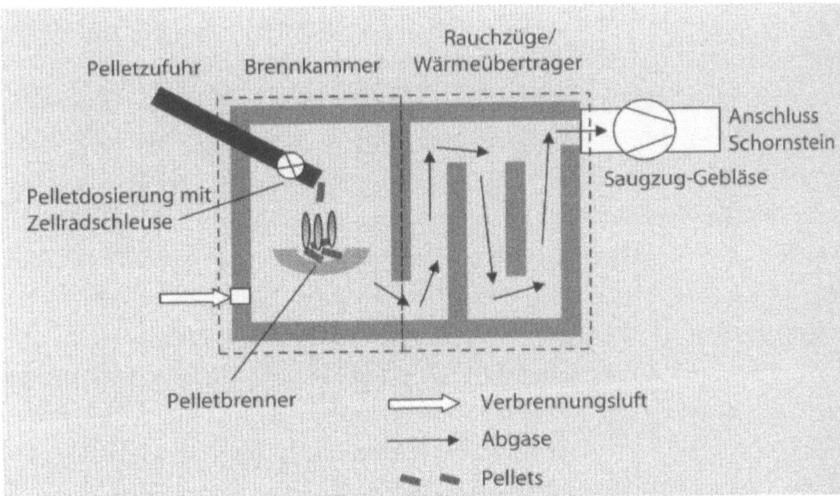

Abb. 3.10: Pelletofen mit Verbrennungswärmenutzung im Heizungssystem

Die Holzpellets werden entweder über eine dem Ofen angehängte Pelletkammer, welche je nach Bedarf regelmäßig gefüllt werden muss, dem Verbrennungsprozess zugeführt, oder über ein großes Pelletlager in einem eigenen Lagerraum über Schneckenfördertechnik dem Ofen zugeführt. Die zweite Variante ist zwar von ihrem Platzbedarf aufwendiger, jedoch kann dieser Lagerraum sehr einfach mit dem als Schüttgut lieferbaren Holzpellets gefüllt werden. Je nach Größe dieses Lageraumes müssen Pellets für den Heizbedarf angeliefert werden, was jedoch weniger wartungsintensiv ist, wie die erste Variante.

Pelletöfen können bei entsprechender Auslegung den gesamten Wärmebedarf eines Haushaltes decken. Sie sind jedoch abhängig vom Energieträger in Form der genannten Holzpellets. Gerade diese haben in den letzten Jahren einen deutlichen Anstieg in ihrem Preis erfahren, da diese Technik eine vielversprechende Möglichkeit ist, den Wärmebedarf eines Wohnhauses regenerativ zu decken. Abhängig vom Holzpelletpreis ist diese Technik auch auf Dauer noch sehr kostengünstig.

3.2.5 Biogas BHKW

Die Nutzung von Biogas oder Bio-Erdgas im BHKW ist erst seit wenigen Jahren in den Fokus der Energiegewinnungsformen gekommen. Die Technik der BHKW, welche mit Biogas betrieben werden, unterscheidet sich nicht von denen der BHKW, welche mit fossilen Energieträgern arbeiten. Der Unterschied liegt hier ausschließlich im Gebrauch von Biogas oder höherwertig aufbereitetem Bio-Erdgas.

Dieses Gas ist aus biologischen Wertstoffen oder organischen Abfällen gewonnen, wie z.B. Gülle, Maissilage, Grasschnitt oder Bioabfall. Die Möglichkeit, diese Stoffe zu vergären und dadurch ein Gas zu gewinnen, welches einen hohen Brennwert hat und bei richtiger Aufbereitung es ermöglicht, diese als Gas für die Wärmegewinnung zu nutzen. Die Wärmeenergie eines Haushaltes kann dadurch komplett aus regenerativen Energien gewonnen werden, wenn dieses Biogas eingesetzt wird. Da bei dem Prozess der Gewinnung nur minimale CO_2 – Emissionen entstehen, ist diese Technik auch wirklich umweltverträglich und hat nur sehr geringe Verluste im Entstehungsprozess. Daraus folgt, dass man bei der Verbrennung dieser Biogase in einem BHKW, quasi CO_2-neutral arbeitet. (Fraunhofer Institut, Abschlussbericht – Biogaseinspeisung, 06.2009)

Bio-Erdgas kann beim Gasnetzbetreiber gekauft werden, sowie Erdgas auch, jedoch ist der Markt hierfür noch nicht sehr ausgereift und befindet sich gerade noch im Aufbau. Diese Technik wird jedoch als eine der Lösungen für die Zukunft der Energiegewinnung gehandelt, da sie nicht nur industriell nutzbar ist, sondern gerade auch in der Anwendung im BHKW für den häuslichen Wärmebedarf ein effizientes Arbeiten verspricht. (Fraunhofer Institut, Abschlussbericht – Biogaseinspeisung, 06.2009)

3.3 Hybride Techniken

3.3.1 Solarthermie kombiniert Brennertechnik

Die Kombination von verschiedenen Wärmeerzeugungstechniken zur Deckung des Heizwärmebedarfs ist heute das gängigste Mittel, um die Heiztechnik eines Wohnhauses effizient zu gestallten. Da, wie schon in Kap. 3.2.1 erwähnt, die Solartechnik gerade in Deutschland noch nicht autark für die Deckung des Heizwärmebedarfs nutzbar ist, hat sich hier eine Kombination mit verschiedenen Brennertechniken durchgesetzt. Hierfür können alle Möglichkeiten der Brennertechnik verwendet werden, was heute auch geschieht. (Krimmling, S. 60, 2009)

Die Steuerung solcher kombinierten Systeme verläuft zumeist so, dass primär die solarthermisch gewonnen Wärme zum Heizen genutzt wird. Sollte diese nicht mehr ausreichen, wird ein Brennerofen zugeschaltet, um den Wärmebedarf zu decken. Je nach Bedarf ist hier zu unterscheiden, welche Brennertechnik am sinnvollsten ist, während in der Vergangenheit noch zumeist Gas- und Öl- Brennwertöfen genutzt wurden, geht hier ein deutlicher Trend zu Pellet- oder Scheitholzverbrennungstechnik. (Krimmling, S. 61, 2009)

Die Abb. 3.11 zeigt diese Kombinationsmöglichkeit schematisch. Bei dieser Anlage wird ein bivalenter Wärmespeicher und ein Pufferspeicher jeweils von einer Solaranlage und einem Heizkessel mit Wärmeenergie versorgt. Von diesen Speichern aus geht die Wärme über das erwärmte Wasser in den Heizkreislauf und wird dann für die Raumklimatisierung genutzt.

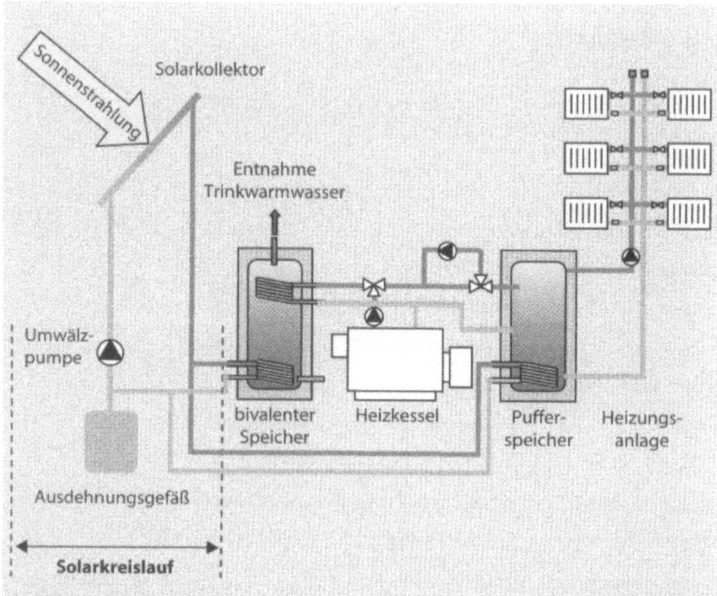

Abb.3.11: Solarthermische Anlage zur Unterstützung des Heizkessels

Durch diese Regelung gesteuert hat man bei so einer Anlage im Sommer fast ausschließlich Solar gewonnene Wärme im Heizkreislauf, während im Winter diese größtenteils aus der Brennertechnik entstammt, da gerade hier die Solartechnik nicht ausreichend Wärme liefert. Eine Kombination dieser Techniken hat zur Folge, dass sehr hohe Anschaffungskosten vorliegen, welche sich nur bedingt im Laufe der Jahre von alleine amortisieren. Ausschlaggebend ist hierbei, wie groß der Anteil der solarthermischer gewonnener Wärme ist, da ein umso größerer Anteil die Kosten für andere Energieträger senkt. Gerade für diese Techniken sind viele staatliche Förderungen nutzbar, gerade in der Anschaffung, da der Einsatz der solarthermisch gewonnenen Wärme deutlich dazu beiträgt, den CO_2 Ausstoß einer Heizungsanlage zu mindern.

3.3.2 Erdwärme kombiniert mit Brennertechnik

Die Erdwärme ist in den kostengünstigen Fällen nicht alleine für die Deckung des Wärmebedarfs eines Wohnhauses ausreichend. Deshalb ist auch hier sehr häufig

eine Kopplung mit einer der genannten Brennertechniken üblich. Da die Erdwärmetechnik in dem für Wohnhäuser finanziell nutzbaren Tiefen nicht sehr hohe Temperaturen liefert, ist sie wie in Kap. 3.2.2 nur für den Niedertemperaturkreislauf einsetzbar. (Krimmling, S. 123, 2009)
So ist eine Kombination der Brennertechnik mit der Erdwärmetechnik sinnvoll, wenn z.B. die Erdwärme genutzt wird, um den Wohnraum über eine Fußbodenheizung mit Wärme zu versorgen und ein Brennerofen die Wärme liefert, welche für die Warmwasseraufbereitung genutzt wird. Da die Erdwärme das ganze Jahr über verfügbar ist, sind hier keine saisonabhängigen Effizienzschwankungen zu beachten. Die für die Warmwasseraufbereitung verwendete Brennertechnik wird über das ganze Jahr für diese bedarfsgesteuert genutzt. (Krimmling, S. 127, 2009)
Auch diese Kombination ist durch den Einsatz von zwei Wärmeerzeugungstechniken in der Anschaffung sehr kostenintensiv, wird jedoch auch durch geringe Kosten in der Wärmegewinnung über die Jahre rentabel und ist unter anderem auch durch staatliche Förderungen in den Fokus geraten. Des Weiteren ist es eben auch eine Möglichkeit den CO_2 Ausstoß eines Haushaltes zu senken.

3.3.3 Solarthermie kombiniert mit Erdwärme

Die Senkung der für ein Wohnhaus nötigen Energie, in Form von Primärenergie als zugekaufter Energieträger, ist nur möglich, wenn man auf rein regenerative Wärmeerzeugungsmöglichkeiten setzt. Eine diesbezüglich mögliche Variante ist die Kombination von Solarthermie und Erdwärme, welche beide von zugekauften primären Energieträgern unabhängig sind.
Da diese Technikkombination von keinem fremden Energieträger abhängig ist, ist sie in ihrem Betrieb sehr kostengünstig. Die in der Anschaffung sehr hohen Kosten können durch diese dauerhaft niedrigen Kosten im Betrieb über die Jahre abgetragen werden.
Diese Kombination ist eine sehr spezielle Technik, welche erst sehr selten eingesetzt wird und in Funktion und Regelung noch nicht ausgereift ist. Die Verwendung dieser setzt voraus, dass die Erdwärme für die Niedertemperaturraumklimatisierung genutzt wird. Die von der Solaranlage gewonnene Wärme wird in einem Speicher, wie in Kap. 3.2.1 beschrieben, in saisonalen wärmeergiebigeren Zeiten gespeichert und

über das gesamte Jahr zur Warmwasseraufbereitung genutzt. Diese Speicherung ist die kritische Komponente dieser Technik. Ist diese mit einer gewissen Effizienz möglich, kann mit einer üblichen Solaranlage die Wärme für ein Jahr eingespeist werden. Je nach Bedarfsfall muss hier eine Anpassung der Solaranlagengröße vorgenommen werden, um eine Deckung des jährlichen Wärmebedarfs eines Wohnhauses gewährleisten zu können.

Ein Heizungssystem dieser Art wird in seinem Gesamtprozess einen kleinen Wirkungsgrad haben, da sowie die Solarthermie als auch die Erdwärmetechnik nicht über hohe Jahreswirkungsgrade verfügen und auch in der Speicherrung mit sehr hohen Verlusten zu rechnen ist. Bei einer Verbesserung der einzelnen Wirkungsgrade und dementsprechend einer Effizienzsteigerung des ganzen Prozesses, kann diese Technik eine kostengünstige Lösung sein, um den Wärmebedarf eines Haushaltes zu decken.

3.4 Kostenvergleich der einzelnen Techniken

Die verschiedenen Heiztechniken sind nicht nur in ihrer Funktionsweise unterschiedlich, sie haben auch große Unterschiede, was ihre Kosten bei Anschaffung und während dem Betrieb angeht. So sind Öl- oder Gasbrennwertkessel sehr kostengünstig in der Anschaffung, haben jedoch auf Dauer die Abhängigkeit vom Energieträgerpreis und somit im Betrieb hohe variable Kosten. Dem entgegen zu setzen haben Erdwärme und Solarthermie in der Anschaffung sehr hohe Kosten, haben aber geringe Kosten im Betrieb, da sie ihre Energie aus ihrer Umwelt einspeisen und nur für den Betrieb der Anlagentechnik oder bei der Erdwärme der Fördertechnik kosten tragende Fremdenergie benötigen. Desweiteren sind beim Kostenvergleich unter anderem Kosten in der Anschaffung zu berücksichtigen, welche zwingend notwendig sind, aber nicht direkt zum Wärmeerzeuger gehören, wie z.B. der Schornstein oder der Tank, welche jedoch je nach Heizanlagentechnik sehr variieren können. Da diese Kosten jedoch einen hohen Anteil an den Anschaffungskosten haben können, müssen sie vor allem für die Berechnung der Kosten über die gesamte Lebensdauer des Heizsystems mit eingerechnet werden.

Eine Übersicht hierzu hat der Energie-Einsparratgeber herausgegeben, sie bezieht sich auf Daten, welche von Verbrauchern aus dem Jahr 2010 gewonnen wurden. Ausgenommen sind hier reine Scheitholzbrenner und verschiedene Kombinationen mit Erdwärme, da nicht genug Daten diesbezüglich vorhanden waren, aber auch gerade bei der Beschaffung und Nutzung von Scheitholz sehr variable Kosten entstehen, da hier sehr viel eigenarbeit in Anschaffung und Lagerung für den Betrieb benötigt wird.

Aus diesen Daten ließen sich durchschnittlich folgende Preise für die Anschaffung von Heizungsanlagen errechnen:

Anschaffungspreise für Heizungsysteme im Vergleich (€)	Heizungssystem				
	Erdwärmepump e	Holzpellets	Gas-Brennwert	Gas-Brennwert + Solar	Öl-Brennwert
Gerät	9.800	12.000	4.900	4.500	5.000
Schornstein	-	1.100	400	400	1.200
Installation	1.250	1.500	1.000	2.000	1.000
Anschluss, Tank, Lager, Kollektoren	4.000	8.000	2.000	8.000	2.200
Gesamtkosten	**15.050**	**15.100**	**8.300**	**14.200**	**9.400**

Tabelle 3.5.1: Anschaffungskosten verschiedener Heizsystem im Vergleich

Aus der Tab. 3.5.1 ist ersichtlich das Gas- und Öl-Brennwerttechnik in der Anschaffung durchschnittlich deutlich am Kostengünstigsten sind. Somit sind sie hier den Regenerativen Techniken Überlegen. Für den weitern Betrieb ist hier jedoch die Betrachtung des weiteren Arbeitsprozesses und dessen Kosten interessant.

Der nächste Schritt ist der Vergleich der einzelnen Heizsysteme was ihre Betriebskosten im ersten Betriebsjahr angeht. Hierzu eine weitere Gegenüberstellung der einzelnen Heizsysteme aus der Erhebung des Energie-Einsparratgebers:

Laufende Heizkosten pro Jahr für Heizungssysteme im Vergleich (€)	Heizungssystem				
	Erdwärmepumpe	Holzpellets	Gas-Brennwert	Gas-Brennwert + Solar	Öl-Brennwer t
Brennstoff	-	437 (2.1t)	689 (9.900kWh)	485 (6.200kWh)	649 (904l)
Strom	616 (2.800kWh)	176 (800kWh)	132 (600kWh)	154 (700kWh)	132 (600kWh)
Instandhaltung	100	250	170	250	300
Abschreibung, Zinsen (Laufz. 20J.)	1.107	1.111	611	1.045	692
Kosten im 1. Jahr	**1.823**	**1.974**	**1.934**	**1.602**	**1.773**

Tabelle 3.5.2: Laufende Heizkosten aus dem ersten Betriebsjahr

Bei der Betrachtung der Tab. 3.5.2 lässt sich schon ein erster Trend erkennen. Die Kosten der brennstoffabhängigen Heiztechniken sind auf einem hohen Niveau, besonders kostengünstig ist die Gas-Brennwerttechnik mit zusätzlicher Solarthermie. Diese lies sich natürlich auch in Verbindung mit einem Öl-Brennwertkessel umsetzen, und würde dann auch für diese Technik deutliche Kostenreduzierungen hervorrufen wie schon im Kap. 3.3.1 näher beschrieben.

Nun ist als letztes noch ein Blick auf die Kosten des gesamten Lebenszyklus einer Heizanlage zu werfen. Da dieser am deutlichsten macht, welche Technik am rentabelsten ist und sich somit für den Verbraucher und Nutzer am sinnvollsten im Einsatz ist. Auch hierfür gibt es eine Erhebung, welche uns folgende Ergebnisse liefert:

Heizkosten über die ganze Lebensdauer für Heizungssysteme im Vergleich (€)	Heizungssystem				
	Erdwärmepumpe	Holzpellets	Gas-Brennwert	Gas-Brennwert + Solar	Öl-Brennwert
Kosten total in 20 Jahren	**41.130**	**44.762**	**45.219**	**48.951**	**48.540**

Tabelle 3.5.3: Gesamte Kosten für den Lebenszyklus der verschiedenen Heizungsanlagen

Diese Tabelle verdeutlicht, dass über die gesamte Lebensdauer der für die Gegenüberstellung verwendeten Daten eine Erdwärmepumpe am Kostengünstigsten ist. Die Pellet und Gas-Brennwerttechnik liegt ungefähr gleich auf an zweiter Stelle. Am teuersten ist die Öl-Brennwerttechnik und die Gas-Brennwerttechnik mit Solarthermie kombiniert was bei dem kombinierten System auf die hohen Anschaffungskosten zurückzuführen ist. Bei der Erdwärme lässt sich darauf schließen, dass die dauerhaft nicht vorhandene Kosten für den Energieträger, den Ausschlag für das gute Ergebnis geben.

Die aus dieser Erhebung gewonnenen Daten sind jedoch reine Durchschnittswerte, und sind nicht als das jeweils bestmögliche Ergebnis für die einzelnen Techniken zu sehen. Ein größerer Anteil an Solarthermisch gewonnener Wärme im Betrieb eine gekoppelten Gas – Brennwerttechnik mit Solarthermie dazu führen, auch bei dieser Anlage die Kosten für den Energieträger und somit die Gesamtkosten zu senken. Desweiteren ist heute nur bedingt vorhersehbar, wie sich die Preise für fossile Energieträger entwickeln und sich gegebenenfalls dadurch die Betriebskosten für die einzelnen Heizungsanlagen deutlich verändern, was sich gerade bei fossile Energieträger verbrennenden Heizungssystem deutlich machen kann

Auch nicht zu vernachlässigen sind die stattlichen Förderungen für die einzelnen Heizungs- und Brennersysteme. So kann es durchaus kostengünstiger sein, einen Gas-Brennwertkessel mit Solarthermischen Unterstützung zu installieren. Da für die Anschaffung und Installation hohe Förderungen Nutzbar sind, da gerade hier der

Staat an einer dauerhaften Senkung des Energieverbrauchs in der Wärmebereitstellung in Haushalten interessiert ist und dies dementsprechend fördert.

Fazit

Der Vergleich der einzelnen Wärmegewinnungsanlagen für Wohnhäuser hat gezeigt, dass es viele effiziente Variationen gibt, welche es möglich machen, auf verschiedene Weisen den Wärmebedarf eines Wohnhauses zu decken. Während man in der Vergangenheit noch auf Heizungsanlagen setzte, welche zumeist die Wärme in einer Anlage aus fossilen Energieträgern gewann, ist man heute dazu übergegangen, mehrere Wärmegewinnungssysteme miteinander zu kombinieren. Dies kann einerseits Geld sparen und andererseits den CO_2-Ausstoß dauerhaft senken.

Die in ihren Anschaffungskosten noch deutlich kostengünstigeren Öl- und Gas-Brennwertöfen sind dauerhaft an die Preise für Heizöl und Gas gebunden. Die Preise für diese Energieträger werden in der Zukunft einer dauerhaften Steigerung unterlegen sein. Gründe hierfür sind die geringer werdenden Verfügbarkeiten, politische Krisen in den fördernden Ländern und immer häufiger werdende Unglücke beim Transport von eben diesen. Der Trend geht gerade aufgrund dieser Probleme in den letzten Jahren eindeutig in Richtung erneuerbarer Energien und der Kopplung von diesen Techniken mit der Brennwerttechnik, für die Deckung des Wärmebedarfs in Wohnhäusern.

Die Nutzung nur eines Energieträgers bei der Wärmegewinnung ist gerade in Neubauten eher selten geworden. So ist es zwar möglich, dass ein BHKW den Wärmebedarf eines großen Wohnhauses deckt, doch gerade die früher standardmäßige autarke Nutzung von Heizöl ist in modernen Neubauten nicht mehr zeitgemäß. Hieraus geht ein deutlicher Trend zu hybriden Techniken.

Auch die Preise für erneuerbare Energieträger in Form von Holzpellets oder Scheitholz sind dem marktwirtschaftlichen Prozess von Angebot und Nachfrage unterworfen und sind somit auch nicht dauerhaft voraussehbar in der Anschaffung im Vergleich zu fossilen Energieträgern kostengünstiger. Jedoch ist die Nutzung dieser sinnvoll, um den Energiebedarf eines Wohnhauses fast CO_2 neutral zu decken und dies im besten Fall noch mit Rohstoffen aus der eigenen Region zu realisieren. Diese Möglichkeit wird einerseits staatlich gefördert und sich andererseits bei richtiger Auslegung auch dauerhaft bei den Heizkosten des Nutzers bemerkbar machen.

Eine autarke Nutzung von Erdwärme und Solarthermie kann häufig nicht ausreichen, um den Wärmeenergiebedarf eines Haushaltes zu decken. Somit sind auch hier verschiedene Kombinationsmöglichkeiten eine mögliche Alternative. Da heute für die Kombination von technischer Seite keine Grenzen gesetzt sind, ist es dem Verbraucher nach eigenem Belieben möglich, die für ihn angenehmsten und sinnvollsten Techniken zu kombinieren. Eine grundsätzliche Nutzung von Solarenergie, egal mit welcher Kopplung, ist hier ein deutlicher Trend in der modernen Heiztechnik in Deutschland.

In ländlicheren Regionen kann es sinnvoll sein, Solarthermie mit z.B. Erdwärme oder Scheitholzbrennern zu kombinieren, da die räumlichen Möglichkeiten gegeben sind: zum einen geeignete Plätze für Erdwärmesonden, zum anderen Lagermöglichkeiten für Scheitholz. Außerdem ist es die annäherend kostengünstige Möglichkeit des Ankaufes von eben diesem. In dichter besiedelten Gegenden und Städten ist es wiederum sinnvoll, Solarthermie mit Gasbrennwerttechnik zu koppeln, da gerade in Städten häufig Erdgasleitungsnetzte vorhanden sind und somit eine Nutzung eben dieser einfach ist und in diesem Fall auch keine Lagerungsstätten benötigt werden, da der Brennstoff ja aus der Leitung verfügbar ist.

Die Möglichkeit den Wärmebedarf aus rein regenerativen Techniken zu decken ist möglich und je nach Anlagentyp auch rentabel einsetzbar. Abgesehen von persönlichen Vorlieben wie der Nutzung von Scheitholzverbrennung im Wohnraum, sind hier vor allem die örtlichen Begebenheiten auszunutzen. Ein frei stehendes Haus mit einem nach Süden gerichteten Dach kann ideal durch die hohe Sonneneinstrahlung für Solarthermie genutzt werden. Wenn hier dann noch ein Scheitholzbrennerofen genutzt wird, um die Heizanlage zu unterstützen, ist es möglich, aus rein regenerativen Quellen den Wärmebedarf eines Haushaltes zu decken.

In der Zukunft ist es denkbar, dass die Nutzung von regenerativen Energieträgern in der Deckung des Wärmebedarfs von Wohnhäusern von staatlicher Seite vorgeschrieben wird. Einige Vorstöße in diese Richtung gab es schon, könnten sich jedoch nicht durchsetzen. Doch wie diese Ausarbeitung zeigt, sind die Möglichkeiten gegeben, deutliche Einsparungen in der Effizienz von Heizungssystemen, aber auch in dem Ausstoß von CO_2, dieser zu realisieren.

Eine staatliche Regelung zur Verpflichtung von eben diesen könnte so unterstützen, nicht nur die Energieeffizienz von Heizanlagen zu steigern und den CO_2 Ausstoß zu senken, es würden auch vor allem in Deutschland entwickelte und produzierte Techniken unterstützt. Sehr viele der regenerativen Energietechniken zur Wärmegewinnung stammen aus Deutschland. Mit einer Umsetzung eben dieser Maßnahme würden man sich somit unabhängiger von fossilen Energieträgern und der Lieferanten machen und gleichzeitig die eigene Wirtschaftsleistung steigern und die eigen Entwicklungen fördern.

Die regenerative Wärmegewinnung ist somit für die moderne Heizungstechnik zu einem großen Stützpfeiler geworden, der aus dieser nicht mehr weg zu denken ist und mit großer Wahrscheinlichkeit in der Zukunft immer größere Anteile an eben dieser Energieumwandlungskette haben wird.

Tabellenverzeichnis

Abbildungsverzeichnis

Quellenverzeichnis

- Energie-Einsparungsratgeber, http://www.energiesparen-im-haushalt.de/energie/bauen-und-modernisieren/modernisierung-haus/heizung-modernisieren, Zugriff am 24.03.2011
- Filla, Kachelöfen und Kaminbau, http://www.kachelofen-filla.de/ofenlexikon.html, Zugriff am 06.04.2011
- Fraunhofer Institut für Umwelt-, Sicherheits- und Energietechnik UMSICHT, Bundesministerium für Forschung und Entwicklung, „Abschlussbericht Biogaseinspeisung", Version 4.17 vom 29.06.2009
- Gasbrennwerttechnik, http://www.gas-brennwert-heizung.de/gas_brennwert_heizung.php, Zugriff am 24.03.2011
- Götz Heizsysteme GmbH, Zugriff am 18.03.2011, http://www.procondens.de/pic/funktion_small.gif,
- ÖNORM M 7137:2003 10 01, für die Beschaffenheit und Gewährleistung der Anforderungen an Holzpellets
- Krimmling, Jorn, Prof. Dr., „Erneuerbare Energien", 2009
- Physikalisches Institut Berlin, Literaturseminar III „Öl-Brennwerttechnik", 10.02.2005
- RWTH Aachen, Institut für Rohstoffgewinnung und Bohrtechnik, http://www.bbk3.rwth-aachen.de, Zugriff am 04.04.2011
- Schramek, Ernst Rudolf, Prof. Dr. –Ing, „Taschenbuch für Heizung und Klimatechnik", Auflage 73 aus 2007
- Schütz, Peter, Dipl. –Ing, „Ökologische Gebäudeausrüstung", 2003
- Viessmann Group, Heizöl-Brennwerttechnik, http://www.viessmann.de/de/ein-_zweifamilienhaus/produkte/gas-brennwertkessel.html, Zugriff am 04.04.2011
- Viessmann Group, Technische Beschreibungen zur BHKW Technik aus 04/2010, auf persönliche Anfrage von Hersteller am 28.03.2011 erhalten